ÉLÉMENTS CHIMIQUES
La table périodique

Les objets presque infinies et les matériaux qui nous entourent sont en fait constitués que d'un nombre limité d'éléments chimiques . Nous savons aujourd'hui que 91 existe naturellement sur Terre . Ils commencent avec de l'hydrogène qui a été formé peu de temps après l'univers est entré en existence . L'autre 90 ont été faites soit par des réactions nucléaires qui ont lieu dans le noyau des étoiles de combustion ou par les explosions catastrophiques appelées supernovas qui sont parfois produites lorsque les étoiles meurent . Plusieurs autres éléments sont fabriqués artificiellement dans les laboratoires .

Chaque élément se comporte différemment et a des propriétés différentes de celles de tous les autres. Un système d'organisation des informations sur les propriétés chimiques des éléments et composés chimiques qu'ils forment est essentielle. Le tableau périodique moderne repose essentiellement sur le travail du chimiste russe Dmitri Mendeleïev dont la table publiés en 1869 ont placé les éléments dans les rangées horizontales selon leur poids avec une ligne sous l'autre de sorte que tous les éléments ayant des propriétés similaires sont tombés dans des colonnes verticales . Au 20ème siècle, avec les connaissances acquises sur la structure de l'atome , la façon correcte de commander les éléments a été découvert et le présent tableau périodique a été formulée .

Atomes constitués de protons, de neutrons et d'électrons sont des éléments de base des éléments . Physicien anglais Henry Moseley a démontré que ce qui détermine le comportement de chaque élément est de numéro atomique , le nombre de protons dans son noyau , et non son poids atomique qui est une mesure du nombre total de protons et de neutrons dans le noyau . La manière correcte de commander les éléments de la classification périodique des éléments est donc par leur numéro atomique . Bien que les atomes d'un élément donné ont le même nombre de protons qu'ils puissent avoir un nombre différent de neutrons. Ceux-ci sont appelés isotopes et leur existence explique pourquoi le poids atomique est un indicateur fiable de la position d'un élément dans le tableau périodique .

Les éléments sont disposés dans l'ordre de leurs numéros atomiques dans les lignes appelées périodes . Passer de gauche à droite sur une période , il est transition d'éléments qui sont des métaux à ceux qui sont non-métaux . Les colonnes verticales du tableau périodique sont appelés groupes . Tous les éléments d'un même groupe ont des propriétés chimiques similaires , et sont parfois appelés familles d'éléments .

Pourquoi avez- ÉLÉMENTS DANS UN GROUPE ONT MEME COMPORTEMENT CHIMIQUE

Le numéro atomique détermine le nombre des électrons chargés négativement sont contenus dans les atomes d'un élément particulier, et c'est la structure des électrons en orbite autour du noyau qui déterminent la façon dont les éléments réagissent les uns avec les autres. Cette répartition des électrons dans la valence ou externe , coquille de l'atome sont exposés à d'autres atomes quand ils réagissent . Éléments dont la carapace valence sont complètement remplis sont extrêmement stables et semblent réagir avec presque rien d'autre . Ceux avec des coquilles incomplètes aura tendance à réagir avec d'autres atomes d'une manière qui viendront compléter ces coquilles . Atomes avec une configuration de valence shell similaire ont des propriétés chimiques similaires . Les éléments d'un même groupe dans le tableau périodique ont le même nombre d'électrons de valence .

Le tableau périodique est alors une carte de la façon dont les électrons se rangent dans les atomes d'un élément particulier . La capacité de prédire le comportement chimique d'un élément en fonction de la ligne et la colonne dans laquelle il se trouve en fait le tableau périodique, un outil de référence précieux pour les praticiens de la science .

HYDROGENE
Numéro atomique : 1
Symbole chimique: H
Groupe : 1A

L'hydrogène se compose de rien de plus que d'un seul proton , qui lui sert de noyau , entouré par un seul électron . Sa simplicité permet d'expliquer pourquoi il est de loin l'élément le plus abondant, en hausse de 93 % de tous les atomes dans l'univers . L'hydrogène est un gaz qui n'a pas d'odeur ou de goût , est complètement incolore et très flammable.The combinaison de l'hydrogène avec l'oxygène produit son composé le plus commun , water.Hydrogen est également contenu dans les composés organiques , composés biologiques présents dans les organismes vivants , dans les parfums , les colorants , les pesticides, les ADN et les protéines ! La liste s'allonge encore et encore !

HELIUM
Numéro atomique : 2
Symbole chimique: II
Groupe VIII A- Les gaz nobles

Comme tous les gaz nobles , l'hélium est incolore et odourless.Together hydrogène et d'hélium forment un étonnant 99,9% des éléments de l'univers . Son nom vient de la « Helios » grec qui signifie le «soleil» . L'hélium du soleil est produit par la fusion de l'hydrogène . Cette réaction fournit l'énergie que le soleil rayonne dans l'espace . L'hélium a une faible densité et est donc utile dans dirigeables et ballons jouets pour sa flottabilité dans air.Astrnomers utiliser le liquide extrêmement froid de l'hélium pour éliminer le «bruit» thermique qui rend plus facile et plus fiable pour recevoir des données provenant des galaxies lointaines .

LITHIUM

Numéro atomique : 3
Symbole chimique: Li
Métaux du groupe IA- alcali

Le lithium métallique est extrêmement réactif et se combine avec l'aluminium pour former une faible densité , une structure solide alliage utilisé dans les avions et les vaisseaux spatiaux . Il est également utilisé comme une borne positive ou anode dans les petites batteries utilisées dans les appareils photo, les stimulateurs cardiaques et les calculatrices. L'hydroxyde de lithium est un très efficace purificateur d'air . Il absorbe le CO_2 de l' air pour former du carbonate de lithium. Le lithium a la capacité thermique la plus élevée de tous les éléments . Cette propriété rend idéal matériau de transfert de chaleur et il est utilisé dans les réacteurs nucléaires expérimentaux pour absorber la chaleur produite par la fission de l' uranium .
En médecine carbonate de lithium et citrate de lithium sont connus comme stabilisants de l'humeur très efficaces dans la maladie maniaco -dépressive.

BERYLLIUM
Numéro atomique : 4
Symbole chimique: Soyez
Groupe IIA - Les métaux alcalino-terreux

Dans sa forme pure , le béryllium est une lumière, assez dur , métal gris - blanc . Comme tous les métaux qui constituent le groupe alcalino-terreux , il est beaucoup trop chimiquement réactif se trouve dans son état libre . Dépôts du béryllium minérale sont répartis sur le Brésil , l'Argentine et les États-Unis . Cristaux de béryllium sont connus pour leur apparence exquise . Les deux émeraude et l'aigue-marine sont naturellement les formes précieux de ce minéral . Béryllium a joué un rôle clé dans la découverte du neutron en 1932 et reste utile dans les recherches sur les noyaux atomiques .

BORE
Numéro atomique : 5
Symbole chimique: B
Groupe III A

Le bore est un , fragile élément dur , non - métallique . Il est habituellement lié à l'oxygène , de l'eau et de sodium dans un composé appelé borax qui est utilisé comme agent de nettoyage et de l'adoucisseur d'eau . Lorsque l'eau est adoucie , le magnésium et le calcium sont remplacés par du sodium et de potassium relativement inoffensif . Un autre composé du bore est borique ace utilisé industriellement pour faire Pyrex , un verre résistant à la chaleur spécial utilisé dans les cuisines . «Rods» bore sont cruciales dans l'utilisation de réacteurs nucléaires . Ils peuvent être abaissés dans un réacteur à absorber les neutrons contrôlant ainsi la puissance produite par le réacteur.

CARBONE
Numéro atomique : 6
Symbole chimique: C
Groupe IV A

Carbone ne représente que 0,09 % de la croûte de la terre en masse , mais il est l'élément le plus essentiel à la vie sur notre planète . Carbone doit sa position centrale dans le monde organique à la capacité de ses atomes de s'associer à d'autres atomes de carbone pour former de longues chaînes qui sont soit à chaîne droite ou ramifiée. Une telle molécule à longue chaîne dans l'ADN trouvé dans le matériau génétique de tous les êtres vivants . Les éléments peuvent exister sous plusieurs formes naturelles appelées allotropes . Le carbone se trouve dans les formes allotropiques de graphite , le charbon et le plus spectaculaire diamant .

AZOTE
Numéro atomique : 7
Symbole chimique: N
Groupe V A

L'azote est dépourvue de toute propriété de stimulation de sens et nous sommes constamment respire en grande quantité que nous respirons l'air . Il domine les gaz dans l'atmosphère de la terre qui composent environ 78 % en volume . Formes d'azote des centaines de milliers de composés qui sont cruciaux pour l'agriculture et l'industrie la plus importante est l'ammoniac . Dans sa forme gazeuse , l'azote est souvent utilisé dans des situations où il est important de garder les autres gaz atmosphériques , plus réactives loin . Par exemple, pour empêcher l'oxydation du vin , les bouteilles de vin sont souvent remplis avec de l'azote après que le bouchon est retiré .

OXYGENE
Numéro atomique : 8
Symbole chimique: O
Groupe VI A

Oxygène existe dans l'atmosphère dans l'eau et dans la croûte de la terre dans une grande variété de roches et de minéraux . Il est essentiel pour la vie et une partie de chaque molécule biologique dans notre corps . Bien que de nombreux processus naturels consomment de l'oxygène , il est constamment renouvelé par la photosynthèse des plantes donc continuellement consommées et produites continuellement . Le chimiste anglais Joseph Priestley est crédité de la découverte de l'oxygène . Il chauffe un oxyde de mercure et a noté que le gaz qu'il dégageait causé la bougie brûler avec une flamme remarquablement brillante . Le gaz était de l'oxygène !

FLUOR

Numéro atomique : 9
Symbole chimique: F

Groupe VII A- Les halogènes
Le fluor est le plus petit , le plus léger et le plus réactif halogène . Tous les atomes de ce groupe se combinent facilement avec des métaux pour former des sels . Dans de nombreuses régions du fluorure de sodium dans le monde est ajouté à l'approvisionnement en eau public. La recherche a montré que de petites quantités de fluor peuvent retarder le développement de cavités dans les dents . En présence d' hydrogène, de fluor brûle avec une force explosive production de fluorure d'hydrogène qui, lorsqu'il est dissous dans l'eau forme de l'acide fluorhydrique. Il est extrêmement dangereux . Cependant, il est utilisé pour dissoudre le verre et est utilisée pour graver le sur des objets en verre .

NEON
Numéro atomique : 10
Symbole chimique: Ne
Groupe VIII A- Les gaz nobles

Neon comme tous les gaz nobles est monoatomique . Les néons familiers dans vitrine et de la restauration des fenêtres contiennent du gaz néon qui s'allume quand il est excité par une décharge électrique . Lorsque cela se produit , les atomes de néon dans le gaz émettent un rayonnement sous forme de lumière rouge-orange . Différents gaz sont utilisés pour produire des signes de différentes colurs . Chaque gaz lorsqu'il est excité émet sa propre couleur caractéristique. Néon commerciale est produite dans des usines de liquéfaction d'air . Parce que le néon a un point de -229 degrés Celsius d'ébullition , il reste un résidu après l'azote et de l'oxygène plus volatiles ont évaporée !

SODIUM
Numéro atomique : 11
Symbole chimique: Na
Groupe IA - Les métaux alcalins

Le sodium est un métal léger argenté lumineux extrêmement réactif suffisant pour flotter sur l'eau et suffisamment souple pour être coupé avec un couteau. Il s'agit d'une part de nombreux composés importants qui se trouvent largement distribué dans l'ensemble de la terre. Le chlorure de sodium , le nom chimique du sel de table est extrait en grandes quantités de dépôts de sels naturels . Le bicarbonate de sodium communément appelé bicarbonate de soude est utilisé pour faire des produits de boulangerie hausse lorsqu'il est chauffé ou pâtisserie lever la pâte lors de la cuisson . Il est également utilisé pour neutraliser l'acidité excessive de l'estomac et à titre d'agent dans les extincteurs .

MAGNESIUM

Numéro atomique: 12
Symbole chimique: Mg
Groupe II A- Les métaux alcalino-terreux

Le magnésium est présent dans de telles grandes quantités dans l'eau de mer que les océans de la planète contiennent une quantité presque illimitée de la matière dissoute . Son grand avantage est qu'il est très léger qui rend également idéal pour la fabrication d' automobiles et de pièces d'aéronefs , les outils électriques , les boîtiers de tondeuse à gazon et des vélos de course . Le magnésium est également important pour une bonne nutrition chez l'homme car il est essentiel pour le bon fonctionnement de plusieurs enzymes . Elle joue également un rôle crucial dans le maquillage des chlorophylles vertes présentes dans toutes les cellules des plantes vertes .

ALUMINIUM
Numéro atomique : 13
Symbole chimique : Al
Groupe III A

Habituellement dans la nature combiné à l'oxygène , l'aluminium est le métal le plus abondant dans la croûte terrestre . Il est léger et bon conducteur de l'électricité , deux propriétés qui en font un ingrédient idéal pour une large gamme de produits . Il s'agit d'un excellent réflecteur de rayonnement et est utilisé pour différents types d' antennes, réflecteurs de chaleur, et des miroirs solaires. Au-delà de ces propriétés , l'aluminium est assez réactif. Il se forme une couche d'oxyde qui l'empêche d' autres réactions avec l'environnement de sorte qu'il est généralement considéré comme résistant à la corrosion . L'aluminium est également non toxique , inodore et insipide .

SILICON
Numéro atomique : 14
Symbole chimique: Si
Groupe IV A

Composés de silicium chimiquement lié à l'oxygène représentent plus de sable, de roche et le sol de la terre . Aujourd'hui silicium forme la base de l'industrie de la microélectronique . L'utilisation de puces de silicium dans les circuits imprimés a permis la salle diminution de taille des ordinateurs dans ceux qui peuvent se reposer sur vos genoux . Le composé de silicium est de la silice la plus importante qui existe sous deux formes , le quartz et le silex . Les petites pierres précieuses et semi-précieuses sont des cristaux de quartz avec des impuretés colorées . La silice est utilisée dans la production de verre . Céramique et silicones sont d'autres classes importantes de composés à base de silicium .

PHOSPHORE

Numéro atomique : 15
Symbole chimique: P
groupe VA

Le phosphore a été découvert par le médecin Hennig Brand en 1669 . Il distille le résidu
de se résumait urine et a obtenu quelque chose qui brillait dans l'obscurité et a pris feu
dans l'air chaud . Le phosphore et l'émission de lumière sont toujours liées au
phénomène connu sous le nom de phosphorescence . Le sulfure de zinc est la matière
phosphorescente qui émet de scintillations de lumière lorsqu'il est frappé par des
électrons en mouvement rapide . Cet effet sur le revêtement du tube de télévision
produit l'image de télévision. La quasi-totalité du phosphore utilisés dans le commerce
est de rendre l'acide phosphorique . Sa principale utilisation est la production d'engrais -
sol sans phosphore est stérile . On trouve couramment sous deux formes à savoir
rouge et jaune , le premier est utilisé pour faire des allumettes de sûreté .

SOUFRE
Numéro atomique : 16
Symbole chimique: S
Groupe VI A

Le soufre est un non - métal réactif trouve dans la nature à la fois à l'état élémentaire
libre et sous forme de minerais et minéraux sont largement distribués. Certains
minéraux communs de soufre sont gypse dire sulfate de calcium et de pyrite souvent
connu comme «l'or des fous ». En plus de leur importance dans la fabrication d'engrais
artificiels , la conservation des aliments , le blanchiment des textiles et le nettoyage des
métaux , des composés de soufre ont des centaines d'autres utilisations dans la
récupération de métaux à partir de minerais , faisant caoutchouc , des détergents, des
peintures et des colorants et des fibres synthétiques . En effet le niveau de
développement industriel d'un pays est déterminée par sa consommation par habitant
de soufre .

CHLORE
Numéro atomique : 17
Symbole chimique: Cl
Groupe VII A- Les halogènes

Le chlore est un gaz diatomique vert jaunâtre toxique . L'inhalation de même une petite
quantité peut provoquer des lésions pulmonaires graves . La toxicité du chlore , il est un
excellent désinfectant pour les piscines et l'approvisionnement en eau . Un composé
important du chlore est le chlorure d'hydrogène, un gaz qui se dissout dans l'eau pour
produire de l'acide chlorhydrique . L'acide chlorhydrique est présent dans le suc
gastrique de l'estomac où il est nécessaire d'activer digestion de protéines. De grandes
quantités de chlore ont été utilisées pour produire des insecticides . Beaucoup ont été
récemment interdit car ils sont considérés comme polluants de l'environnement .

ARGON
Numéro atomique : 18
Symbole chimique: Ar
Groupe VIII A- Les gaz nobles

En 1894 , l'argon est devenu le premier gaz noble à découvrir . Ses applications commerciales font appel de son absence de réactivité . L'argon est le produit de la désintégration d'une importante radio isotope utilisé pour la datation des échantillons de roches , technique potassium - 40.Le est appelé potassium - argon rencontres. Potassium a une demi- vie exceptionnellement longue de 1,25 milliards d'années, est présent dans de nombreuses roches . Lorsque potassium 40 se désintègre , il se transforme en argon . Par conséquent , on peut déterminer l'âge d'une roche en déterminant combien argon est présent . Les roches les plus anciennes sur terre ont été déterminées par cette méthode aussi vieille 3800000000 années .

POTASSIUM
Numéro atomique : 19
Symbole chimique: K
Groupe IA Les métaux alcalins

Le potassium est extrêmement réactif où ne se trouve jamais à l'état libre dans la nature. Elle se trouve dans l'eau de mer , mais en plus petites quantités que le sodium , l'équivalent chimique . Le potassium est essentiel pour la croissance des plantes dans la mesure où le potassium en minéraux dissous est absorbé par les plantes avant d'atteindre la mer . Un isotope naturel de potassium est l'organe potssium - 40.Human contient 140 grammes de potassium . Depuis l'abondance de potassium - 40 est de 0,012 pour cent , nous sommes tous en partie constitués de cet isotope réactif. Il est un contributeur majeur à la dose de notre vie de rayonnement

CALCIUM
Numéro atomique : 20
Symbole chimique: Ca
Groupe II A- Les alcalins métaux des terres

Le calcium est un élément important pour une large gamme d' organismes vivants. Dents et des ossements humains contiennent du calcium et organes marins construisent leurs coquilles de carbonate de calcium . Lime , un composé de calcium est un produit chimique industriel essentiel . Une de ses premières utilisations est dans l'éclairage théâtral . Lorsque la chaux est chauffé à une température élevée , il dégage une lumière bleu- blanc intense . Il a été utilisé au début du 19e siècle pour éclairer les acteurs qui ont donné lieu à l'expression « à l'honneur ». L'utilisation la plus moderne de la chaux est importante dans la production de fer à partir de ses minerais .

SCANDIUM
Numéro atomique : 21
Symbole chimique: Sc
Groupe III B Première rangée élément de transition

Scandium dirige les premiers éléments de transition de ligne. Tous sont des métaux non réactifs assez et beaucoup sont extrêmement dangereux . Scandium est un poids de métal très léger avec un point de fusion relativement élevé et une bonne résistance à la corrosion . Ces propriétés ont fait de grand intérêt pour l'industrie aérospatiale pour la construction d'un aéronef . Scandium fait quelques composés utiles . Le métal lui-même a trouvé une utilisation dans les appareils électroniques tels que les lampes de haute intensité qui produisent de la lumière avec une valeur de couleur proche de celle de la lumière naturelle . Lampes de ce genre sont souvent utilisés pour éclairer les stades de football .

TITANIUM
Numéro atomique : 22
Symbole chimique: Ti
Groupe IV B Première rangée transition Element

Titane à l'état pur est un métal qui est facile à travailler et très ductile ou susceptible d'être aspiré dans le fil . Malgré son poids léger, il est exceptionnellement forte et pratiquement à l'abri de types habituels de la fatigue du métal . Il dispose également d'une résistance extraordinaire à la corrosion de sorte qu'il a toutes les propriétés nécessaires pour en faire un matériau idéal pour les moteurs à réaction et des fusées . Le composé le plus important est le dioxyde de titane avec une substance de couleur blanche brillante intense qui est utilisé comme pigment pour peintures , du papier et du plastique .

VANADIUM
Numéro atomique : 23
Symbole chimique: V
Groupe VB Premier élément de transition Row

Le vanadium est un métal brillant lumineux qui est assez doux et très résistant à la corrosion . Un professeur mexicain de minéralogie savoir Andres Manuel del Rio découvert vanadium en 1801 . Il a ensuite été nommé d'après la déesse scandinave Vanadis raison de ses nombreux composés joliment colorées . Environ 80 % du vanadium produite aux Etats-Unis va dans la fabrication de l'acier.

CHROME

Nombre atone : 24
Symbole chimique: Cr
Groupe VI B Première rangée élément de transition

Chrome a été nommé du mot grec « chroma » qui signifie couleur . La belle couleur de beaucoup de gemmes en - rouge de rubis , le vert caractéristique des émeraudes - est due à la présence de traces de chrome . Le métal est habituellement extraite de chromite , d'un oxyde de chrome qui est le minerai le plus important. Lorsqu'il est exposé à l'air , le chrome forme un oxyde invisible qui le rend extrêmement résistant à la corrosion et très utiles à la fois en tant que revêtement décoratif et protecteur sur les autres métaux tels que le laiton, le bronze et l'acier. Le chrome est également utilisé pour produire de l'acier inoxydable.

MANGANESE
Numéro atomique : 25
Symbole chimique: Mn
Groupe VII B Premier élément de transition Row

Le manganèse est un métal gris - blanc et dur qui ressemble et possède de nombreuses propriétés similaires à repasser. Ajout de manganèse pour l'acier rend est particulièrement dur et résistant aux chocs . Tel acier est idéal pour une utilisation dans des canons de fusils , les coffres des banques , des voies ferrées , et les engins de terrassement . Manganèse ajoute également la dureté, la résistance et la résistance à la corrosion des alliages d'aluminium et de magnésium . Le permanganate de potassium composé a une couleur violacée que l'on voit parfois en verre antique . Bien que les fabricants de verre ne plus utiliser de manganèse , de sa capacité à colorer des objets est utilisée pour éclairer la céramique et de la poterie .

FER
Numéro atomique : 26
Symbole chimique: Fe
Groupe VIII B Première rangée élément de transition

Le fer est probablement le métal le plus commun dans la société humaine . Si nous utilisons un tournevis ou conduisant un véhicule ou un train , l'importance et l'utilité de fer comme matériau de construction est évidente. L'intérieur de la terre appelée noyau est constitué de fonte en fusion . La capacité d'affiner le métal a été une étape importante dans le développement humain connu comme l'âge du fer (1000 avant JC) . Sa découverte de plomb à des outils et des armes qui étaient de plus en plus durables que ceux de l'âge du bronze . Aujourd'hui, plus de 90 % de tous les métaux raffinés est le fer.

COBALT

Numéro atomique : 27
Symbole chimique : Co
Groupe VIII B Première rangée élément de transition

Un minerai de cobalt est important cobaltite . Le métal pur est obtenu par grillage de ce minerai . Le nom vient du cobalt ' kobold ' allemand qui se réfère à un mauvais esprit . Mineurs dit souvent que les accidents survenus dans l'esprit ont été causés par « kobold . Le cobalt est ajouté à l'acier afin d'améliorer sa résistance à la corrosion . Lorsque le cobalt est mélangé avec du tungstène et de cuivre , il forme Stellite , un métal qui conserve sa dureté à des températures élevées qui le rend idéal pour des exercices à grande vitesse et des instruments coupants . Comme le cobalt de fer est facilement magnétisé. La substance magnétique puissant connu sous le nom alnico est un alliage de cobalt , de l'aluminium et du nickel.

NICKEL
Numéro atomique : 28
Symbole chimique: Ni
Groupe VIII B Première rangée élément de transition

Le nickel est souvent associé à d'autres métaux tels que le fer et l'acier pour former des alliages résistant à l'oxydation. Nichrome le métal utilisé pour fabriquer les éléments chauffants dans les grille-pain et des fours électriques est un alliage de chrome et de nickel . La résistance électrique élevée de nichrome combinée à son point de fusion élevé en fait un matériau très efficace pour convertir l'électricité à la chaleur. Une utilisation importante de métal est dans des batteries au nickel-cadmium . Cette batterie est rechargeable ce qui le rend particulièrement utile dans les calculatrices , les ordinateurs et les rasoirs électriques sans fil .

CUIVRE
Numéro atomique : 29
Symbole chimique: Cu
Groupe IB Premier élément de transition Row

Une utilisation connue de l'eau se trouve dans les tuyaux qui transportent de l'eau dans la cuisine. Parce que le cuivre est l'un des meilleurs conducteurs de l'électricité , des fils de cuivre sont largement utilisés pour transmettre de l'énergie électrique à partir de centrales électriques dans les maisons , bureaux, usines et autres bâtiments et des prises murales pour les appareils électriques . Cuivre était autrefois utilisé pour faire des boutons pour les vestes uniformes pour les policiers d'où le ' cuivre ' familier de la police. Le laiton, un alliage de cuivre et de zinc a une grande variété d'utilisations de matériel de zinc .

ZINC

Numéro atomique : 30
Symbole chimique: Zn
Groupe I B Première rangée élément de transition

À l'état pur , le zinc est un , fragile , métal argenté dur . Il est relativement résistant à la corrosion et forme un revêtement d'oxyde dur qui l'empêche de réagir davantage avec l' air rapidement . Dans le procédé appelé galvanisation, une couche de zinc est appliquée sur l'acier contre la corrosion. Le métal a de nombreuses autres utilisations. L'un des plus importants est dans la batterie de cellules sèches commun . Depuis 1981, le zinc a servi comme chef du métal dans le cent américain . Le zinc est également combiné avec le cuivre pour former laiton .

GALLIUM
Numéro atomique : 31
Symbole chimique: Ga
Métal de transition du groupe III A Poster

Gallium est un métal extrêmement doux avec un point de fusion très bas et un point d'ébullition extrêmement élevé de 2,403 degré Celsius . La gamme des températures auxquelles est gallium liquide est la plus grande de tous les métaux connus . Ceci le rend utile pour les thermomètres spéciaux haut degré . Jusqu'à récemment quelques applications pratiques de gallium ont été connus . Cette situation a changé rapidement avec la découverte que l'arséniure de gallium pourrait fonctionner comme une diode laser et convertir l'électricité directement dans la lumière laser. Les diodes électroluminescentes sont utilisées dans une variété de montres et lecteurs AUTO DISC .

GERMANIUM
Numéro atomique : 32
Symbole chimique: Ge
Groupe IV A Metalloid

Le germanium est un élément solide gris foncé relativement rare . Il ne se trouve jamais à l'état pur dans la nature, mais combiné avec l'oxygène . Le germanium est appelé un semi- conducteur . L'ajout d'une petite quantité d'impuretés augmente considérablement sa capacité à conduire l'électricité . Germanium « dopé » est utilisé pour fabriquer des transistors qui sont au cœur de la solide industrie de l'électronique de l'Etat. Avec le dopage des dizaines de milliers de transistors peuvent désormais être formée sur une petite puce de germanium qui devient en fait un petit ordinateur . Ces matériaux ont rendu possible la révolution de l'électronique miniaturisation .

ARSENIC
Numéro atomique : 33

Symbole chimique: Comme
Groupe VA Metalloid

L'arsenic est un solide à la température ambiante cristallin friable . Dans la forme de l'oxyde arsénieux est un poison bien connu . Il est utilisé comme désherbant et insecticide . Arsenic comme poison a capturé l'imagination de nombreux écrivains de la criminalité . Avant les récents progrès dans les techniques médico-légales , il était impossible de détecter dans le corps de la victime . Bien qu'un poison , composés de l'arsenic ont été utilisées à des fins médicinales ainsi , le plus connu étant '606 ' conçu par Paul Ehrlich comme un remède pour la syphilis .

SELENIUM
Numéro atomique : 34
Symbole chimique: Se
Groupe VI A Metalloid

Minéraux porteurs de sélénium sont trop rares pour être exploités de façon rentable . Parce que le métalloïde se trouve en compagnie de cuivre et de soufre , presque tous sélénium est récupéré comme un bye- produit du raffinage du cuivre et la fabrication de l'acide sulfurique . Le sélénium existe sous deux formes rouges et gris . Sélénium gris est un photoconducteur ce qui signifie que même si un mauvais conducteur d'électricité ordinaire , il devient et excellent conducteur en présence de lumière . Cela rend le sélénium précieux comme un capteur de lumière en robotique et en mètres légers .

BROME
Numéro atomique : 35
Symbole chimique: Br
Groupe VII A La Halogènes

Le brome est un liquide rougeâtre avec une odeur âcre . Son nom est dérivé du grec signifiant bromos puanteur . Le brome peut être trouvée dans l'eau de mer , les mines de sel souterraines et les puits de saumure profondes . Une utilisation importante de brome est en production d'un additif d'essence appelé dibromure d'éthylène . Ce composé supprime les additifs au plomb après la combustion de l'essence en évitant la formation de dépôts de plomb . Le brome est extrêmement toxique et brûle la peau . De plus ses vapeurs nocives peuvent endommager le nez et la gorge.

KRYPTON
Numéro atomique : 36
Symbole chimique: Kr
Groupe VIII A Les gaz nobles

En 1933, Linus Pauling a contesté l'idée que les gaz nobles sont chimiquement inertes . L'existence du composé il prédit de krypton et de fluor a été confirmé en 1966 . Krypton est un gaz inodore et incolore insipide , totalement inoffensif . Son utilisation en chef est dans les lumières " au néon " qui font partie du paysage moderne . Lorsque scellé dans un tube de verre et soumis à une décharge électrique , krypton produit une couleur violet pâle utilisé pour l'aéroport de piste et d'approche lumières. Krypton est également utilisé en mélange avec du xénon à haute intensité de court -exposition flashes photographiques ou des lumières stroboscopiques .

RUBIDIUM
Numéro atomique : 37
Symbole chimique: Rb
Groupe IA Les métaux alcalins

Le rubidium est un métal argenté très réactif , très doux qui brûle spontanément lorsqu'il est exposé à l'air . Il réagit également violemment avec l'eau en donnant de grandes quantités d' hydrogène qui éclate immédiatement pris feu à cause de la chaleur générée par la réaction. Le rubidium est beaucoup trop réactif pour exister en tant que métal pur dans la nature et quelques minéraux porteurs de rubidium sont connus . Le rubidium a peu de valeur commerciale . Le métal a été découvert en 1861 par les chimistes allemands Robert Bunsen et Gustav Kirchhoff . Ils ont identifié par des lignes spectrales comme une impureté parmi de nombreux métaux alcalins ils enquêtaient .

STRONTIUM
Numéro atomique : 38
Symbole chimique: Sr
Groupe IIA Les métaux alcalino-terreux

Le strontium a peu d'utilité commerciale et ses composés ont trouvé qu'une application limitée dans l'industrie . Etant donné que les sels de strontium , tels que le carbonate de strontium émettent une couleur rouge caractéristique quand elles brûlent , ils sont utilisés dans des fusées de signalisation routière et des feux d'artifice . L'un des isotopes de strontium , Sr- 90 est un produit radioactif par des explosions nucléaires et peut contaminer de vastes zones de l'environnement par les retombées de l'atmosphère . Depuis le strontium 90 est produit à chaque fois que l'uranium subit la fission , les exploitants de réacteurs nucléaires doivent être constamment sur ses gardes pour éviter sa dissémination accidentelle dans l' environnement .

YTTRIUM
Numéro atomique : 39
Symbole chimique: Y
Groupe III B élément de transition

L'yttrium se trouve en petites quantités dans la croûte de la terre , mais les roches ramenées de la Lune avait une teneur étonnamment élevée d'yttrium . Quand leur température est abaissée à seulement quelques degrés au-dessus du zéro absolu , presque tous les métaux ne présentent pas de résistance électrique que ce soit . Les températures extrêmement basses ne sont pas pratiques cependant. En 1987, les scientifiques ont annoncé la découverte d'un composé d'yttrium, de baryum, de cuivre et de l'oxyde supraconducteur qui a été à 93 degrés Kelvin . Autres mélanges de cet élément sont à l'étude et il est optimiste que l'un d'eux se révèlent être une pratique supraconducteur à haute température .

ZIRCONIUM
Numéro atomique : 40
Symbole chimique: Zr
Groupe IV B élément de transition

Le zirconium est un solide , métal durable . Sa capacité à résister à des températures élevées , il est un ingrédient idéal pour des matériaux résistants à la chaleur dans l'engin spatial. Le composé le plus connu de zirconium est le zircon de métal . Il a été connu depuis l'Antiquité et même mentionné dans la Bible . Trouvé dans une grande variété de couleurs , lorsque le cristal est taillé et poli , il est considéré comme un joyau semi-précieuses . Zircon a un indice de réfraction extrêmement élevé . De ce fait, ses cristaux incolores ont un éclat exceptionnel et sont parfois utilisés comme substituts des diamants.

NIOBIUM
Numéro atomique : 41
Symbole chimique: Nb
Groupe VB élément de transition

Le niobium métallique a joué un rôle important dans l'histoire de la supraconductivité à haute température . Un alliage constitué de niobium et le germanium a la capacité de résister à des courants importants permettant la construction d'aimants supraconducteurs pour des instruments tels que magnétique nucléaire scanners de résonance utilisées en médecine diagnostique. Le niobium est ajouté à l'acier à des fins spéciales . À des températures élevées les frontières entre les petits grains qui composent acier inoxydable s'affaiblissent et se corrodent plus facilement que le reste de l'acier . L'ajout de niobium empêche que cela se passe permettant d'acier pour résister aux températures beaucoup plus élevées en situation de stress extrême.

MOLYBDENUM
Numéro atomique : 42
Symbole chimique: Mo

Groupe VI B élément de transition

Le molybdène est un métal argenté dur . Assez d'importants gisements de molybdénite se trouvent dans le Colorado , États-Unis . Acier contenant du molybdène est bien adapté pour aéronefs et de moteurs de voitures parties . Il est capable de résister à des changements de température et de pression constante qui se déroulent dans un moteur. Pour la même raison , il est utilisé dans la fabrication d' armes à feu et des canons . Un des isotopes radioactifs , le molybdène -99 est utilisé dans les hôpitaux pour générer technétium - 99, qui est très utile pour prendre des photos des organes internes après avoir été pris à l'intérieur .

TECHNETIUM
Numéro atomique : 43
Symbole chimique: Tc
Groupe VII B élément de transition

Le technétium est le premier élément à être produite en laboratoire d'un autre element.Logically il tire son nom des teknetos grecs signifiant artificiel . Chaque isotope est radioactif et se désintègre pour former un isotope d'un élément différent . Aujourd'hui réacteurs nucléaires produisent l'un des isotopes les plus utiles de technétium , le technétium - 99m . Quand il en a injecté dans les veines d'un patient , l'isotope se concentrera dans certains organes du corps et sa radioactivité va exposer une plaque photographique révélant comment ces organes fonctionnent .

RUTHÉNIUM
Numéro atomique : 44
Symbole chimique: Ru
Groupe VIII B élément de transition

Le ruthénium est un élément rare qui est habituellement récupéré comme sous-produit du raffinage des minerais de platine. Principalement ruthénium est utilisé comme catalyseur pour des procédés industriels . Il a été utilisé comme un catalyseur pour obtenir directement de l'hydrogène gazeux séparer les molécules d'eau plutôt que par electrolysis.Rutheniumis également utilisés dans le commerce de bijoux comme un additif de durcissement de platine et est souvent ajoutée au titane pour améliorer sa résistance à la corrosion . D'autres alliages de ruthénium sont utilisés dans les points de stylo-plume et des contacts électriques spéciaux .

RHODIUM
Numéro atomique : 45
Symbole chimique: Rh
Groupe VIII B élément de transition

Le rhodium est un , très dur métal gris argenté rare . Elle a été découverte par William Wollaston en 1803 . Il a nommé après le mot grec rhodon pour rose parce que beaucoup de sels ont la couleur de rose . Il est utilisé dans les convertisseurs catalytiques d' automobiles. Les gaz d'échappement sont une source importante de pollution atmosphérique . Le convertisseur catalytique est rempli de petites billes catalytiques contenant du platine, du palladium et du rhodium qui convertissent les gaz d'échappement chauds qui passent à travers eux en produits inoffensifs .

PALLADIUM
Numéro atomique : 46
Symbole chimique: Pd
Groupe VIII B élément de transition

Le palladium est un métal blanc argenté doux qui ressemble platine . Il est extrêmement malléable et ductile . Une utilisation intéressante de palladium est apparue quand il a été déterminé par hasard qu'il était utile dans le traitement des cancers par inhibition de la division cellulaire et est relativement exempt d'effets secondaires. Avec une demi-vie de seulement 17 jours , l'isotope de palladium103 peut délivrer de fortes doses de rayonnements pour détruire le cancer , puis disparaissent après un peu plus d'un mois .

ARGENT
Numéro atomique : 47
Symbole chimique: Ag
Groupe Élément de transition IB (Monnaie Métal)

L'argent est l'un des rares métaux trouvé à l'état libre dans la nature et son symbole Ag vient de mot Argentum latin qui signifie argent . Il a été un métal de pièces de monnaie depuis les temps bibliques peut-être même plus tôt. De tous les métaux , l'argent est le meilleur conducteur de chaleur et d'électricité . Il n'est généralement pas utilisé dans le câblage de la maison en raison des frais mais largement utilisé dans la fabrication d'équipements électroniques de haute qualité .

CADMIUM
Numéro atomique : 48
Symbole chimique: Cd
Groupe II B élément de transition

Le cadmium est présent dans de telles grandes quantités de minerais de zinc qu'il est généralement considéré comme un sous-produit du raffinage du zinc . La principale utilisation du métal est de l'acier dans la galvanoplastie pour empêcher la corrosion. Il est utilisé moins fréquemment que le zinc , car elle est moins abondante et a une propension à provoquer des problèmes de santé. La capacité de cadmium à absorber des neutrons est d'une grande importance dans la conception des barres de commande pour réacteur nucléaire . Le cadmium est également utilisé en tant que pigment rouge et jaune dans la fabrication de peinture .

INDIUM
Numéro atomique : 49
Symbole chimique: En
Groupe III A Poster un métal de transition

L'indium est un métal blanc bleuâtre rare suffisamment souple pour laisser des traces de lui-même quand on le frotte vigoureusement contre d'autres métaux . Indium pur a peu d'applications commerciales et il est principalement utilisé sous forme d'alliage avec d'autres métaux . Alliages d'indium et d' argent et d'indium et le plomb sont meilleurs conducteurs que d'argent ou de plomb seul . Ils ont également trouvé des utilisations dans la fabrication de transistors et des cellules photo . Feuilles d'indium sont souvent introduits dans les réacteurs nucléaires de contrôler la réaction nucléaire . La vitesse à laquelle ces feuilles deviennent radioactifs sert de mesure valable des réactions qui ont lieu .

TIN
Numéro atomique : 50
Symbole chimique: Sn
Métal de transition du groupe IV A Poster

Tin a été parmi les premiers métaux utilisés par les êtres humains . Bronze, un alliage de cuivre et d'étain a été utilisé en Egypte il ya plus de 5000 ans . Aujourd'hui, il est principalement utilisé comme agent d'alliage et de faire plaque d'étain qui est en tôle d'acier recouverte d'une fine couche d'étain . Parce que l'étain protège l'acier à partir d'acides alimentaires , plaque d'étain a été utilisé pour la fabrication de boîtes de conserve pour aliments, mais a été en grande partie remplacé par du plastique et de l'aluminium . Il est l'un des métaux les plus connus en fonte malléable .

ANTIMONY
Numéro atomique : 51
Symbole chimique: Sb
Groupe VA Metalloid

L'antimoine est un dur, cassant , cristalline , grisâtre , solide . Bien connu comme un métal , il s'agit d'un très mauvais conducteur de l'électricité. Le minerai qui sert de source primaire est la stibine minérale. Composé noir, il a été utilisé dans l'Antiquité pour assombrir les sourcils des femmes . Une utilisation importante de l' antimoine est allumette de sécurité commune . Le chef de l' allumette contient un mélange de trisulfure d'antimoine et d'un agent oxydant tel que le chlorate de potassium . Antimoine a quelques autres utilisations commerciales . A titre d' alliage , il peut augmenter la dureté de nombreux métaux .

TELLURIUM
Numéro atomique : 52
Symbole chimique: Te
Groupe VI A Metalloid

Tellure est un métalloïde argenté blanc rare . Contrairement à métaux typiques , il est fragile et un mauvais conducteur d'électricité . Tellure est l'un des rares éléments qui combine avec de l'or . Les composés il formes sont appelés tellurures d'or et ils constituent un élément très important des minerais aurifères . Tellure est souvent récupéré comme sous-produit dans le raffinement de l'or et aussi du cuivre . Le principal usage de tellure est , comme additif à des métaux tels que le cuivre et l'acier inoxydable pour créer un alliage qui est plus facile à usiner que le métal d'origine .

IODE
Numéro atomique : 53
Symbole chimique: je
Groupe VIIA Les halogènes

L'iode est un solide violet noir trouvé dans les algues , les puits de saumure et dans la mer . Bien qu'un poison , une de ses utilisations les plus courantes est sous forme de solution antiseptique teinture d'iode. Sels d'iode sont ajoutés au sel de table et des aliments pour animaux . Ceci est fait comme l'iode est un constituant important de la thyroxine hormone sécrétée par la glande thyroïde et aide à assurer que les fonctions de la glande correctement . L'iodure d'argent a la capacité de former très grand nombre de cristaux de pas moins d'un million de milliards d'un gram- qui agissent comme des noyaux pour la formation de la goutte de pluie .

XENON
Numéro atomique ; 54
Symbole chimique: Xe
Groupe VIII A Les gaz nobles

Xenon existe dans l'atmosphère que dans l'état de traces . Comme les autres gaz nobles , il existe aussi une molécule monoatomique qui n'a pas d'odeur de couleur ou de goût . En 1962 , Neil Bartlett le chimiste anglais a fait le premier composé de gaz noble . Il a combiné xénon et l'hexafluorure de platine et à son grand étonnement obtenu un composé solide , jaune - orange qui est composée de molécules de xénon , platinim et le fluor . À ce jour xénon et le krypton sont les seuls gaz rares connus pour former des composés . Comme d'autres gaz nobles , le xénon est utilisé dans des tubes à décharge électrique pour produire de la lumière .

CESIUM
Numéro atomique : 55
Symbole chimique: C
Groupe IA Les métaux alcalins

Césium pur est le métal le plus doux connu . Sa réactivité extrême a rendu utile pour éliminer les gaz indésirables à partir de systèmes à vide , par exemple à l'intérieur d'un tube de télévision . L'isotope césium - 133 sert de mesure officielle du monde de temps . La seconde est mesurée en termes de rayonnement émis par atome de césium 133 lorsqu'il est excité par une source d'énergie externe plutôt qu'en termes de la rotation de la terre autour du soleil comme il l'habitude d'être . Le second est décrit comme le temps écoulé d'exactement 9192531770 vibrations du rayonnement émis par atome caesuim -133 .

BARIUM
Numéro atomique : 56
Symbole chimique: Ba
Groupe IIA Les métaux alcalino-terreux

Dans la forme de sel soluble , de baryum est très toxique . D'autre part sous des formes insolubles , il est inoffensif pour le corps humain. Les radiologues utilisent le sulfate de baryum pour examiner le tractus intestinal d' un patient avec du sulfate Xrays.Barium a également un certain nombre d'autres utilisations sur la base de sa faible solubilité dans l'eau et la couleur blanche . Il est utilisé comme un agent de blanchiment sur des plaques photographiques , et comme charge dans le papier, les plastiques et les fibres artificielles écriture . Baryum métal a peu d'applications commerciales en raison de sa volonté de réagir avec l'oxygène et de l'humidité .

LANTHANE
Numéro atomique : 57
Symbole chimique: La
Groupe III B Rare Earth Element (lanthanides)

Le lanthane est le premier de la série d'élément de terre rare . Il est fréquent de trouver de nombreux éléments rares mélangés en un seul minéral . L'utilisation la plus importante de composés lanthanides est dans la fabrication des électrodes pour les lampes à haute intensité de carbone à l'arc utilisés dans les projecteurs , l'éclairage de studio et projecteurs cinématographiques . Lanthane et de ses isotopes sont présents dans les fragments qui sont produites lorsque les fissions d'uranium. C'est la découverte des isotopes de lanthane ainsi que ceux de baryum par le chimiste allemand Otto Hahn qui a finalement conduit à l'idée de la fission nucléaire .

CÉRIUM

Numéro atomique : 58
Symbole chimique: Ce
Groupe III B Rare Earth Elements (lanthanides)

Cérium a été nommé d'après l'astéroïde Ceres dont la découverte en 1801 causé beaucoup d'excitation dans le monde scientifique . La forme métallique pure de cérium n'a pas été préparé jusqu'en 1875 . Il est un métal gris fer qui est très malléable et ductile . Composés du cérium comme ceux de lanthane sont utilisés dans le commerce pour former des électrodes des lampes à arc de carbone à haute intensité . Comme cérium d'oxyde est utilisé comme additif pour les parois de fours à auto-nettoyage où il semble pour empêcher l'accumulation de résidus de cuisson .

PRASEODYME
Numéro atomique : 59
Symbole chimique: Pr
Groupe III B Rare Earth Elements (lanthanides)

Il a été découvert par Carl Auer von Welsbach , un baron autrichien qui avait un intérêt dans la minéralogie . Le métal pur est isolé à partir de ses minerais par une technique d'échange d'ions . Un processus d'échange est utilisé pour isoler un type d'ion en la remplaçant par une autre . Dans un tel procédé, le principe actif est une résine constituée de grandes molécules qui ont une structure en forme de filet . La résine contient des ions mobiles vaguement connectés au net . Quand une solution contenant les autres ions est passé à travers la résine , ils remplacent les ions mobiles qui diffusent ensuite sur le poteau.

NEODYMIUM
Numéro atomique : 60
Symbole chimique: Nd
Groupe III A Terre Rare Elements (lanthanides)

Il s'agit d'une substance magnétique utilisé pour créer certaines des aimants les plus puissants du monde . Les superaimants sont connus comme des aimants NIB car ils contiennent du fer et de bore comme well.They sont si fort que deux petits aimants avec la presse de chaque côté de l'un de la main sans tomber . Un aimant Nd avec seulement la moitié de pouce de diamètre est suffisamment solide pour répondre à des matériaux magnétiques à l'encre d'impression utilisée dans le papier-monnaie et peut être utilisé pour détecter les contrefaçons . Il est également utilisé dans des lunettes roses !

prométhium
Numéro atomique : 61
Symbole chimique: Pm

Groupe III B Rare Earth Elements (lanthanides)

Aucune trace de promethium a été trouvé sur la croûte de la Terre, mais il a été identifié dans le spectre de plusieurs étoiles dans la galaxie d'Andromède . Il est un élément rare synthétique fabriqué dans les accélérateurs nucléaires et des réacteurs nucléaires . Lorsque le néodyme est soumis à l' intense rayonnement de neutrons présent dans un réacteur , il est converti en le prométhium . 28 isotopes de l'élément ont jusqu'ici été synthétisé tout être radioactifs . On sait très peu de propriétés chimiques et physiques de promethium pur .

SAMARIUM
Numéro atomique : 62
Symbole chimique ; Sm
Groupe III B Rare Earth Element (lanthanides)

Les principaux minerais de samarium sont bastnasite et monazite . Minerais de monazite contenant souvent autant que 50 % de leur poids dans les terres rares sont trouvés dans les sables des rivières en Inde et au Brésil et en Floride plage sand.In sa forme pure samarium a un éclat blanc argenté et est assez résistant à l'oxydation . Le métal sera cependant s'enflammer spontanément à des températures basses . Certains des composés de cet élément sont utilisés pour fabriquer des aimants permanents . L'oxyde de samarium est un excellent absorbeur de rayonnement infra - rouge et on ajoute à cet effet à divers types de verre et de phosphore sensible aux infrarouges .

EUROPIUM
Numéro atomique : 63
Symbole chimique ; Eu
Groupe III B Rare Earth Element (lanthanides)

L'europium est un des plus rares des métaux des terres rares . En 1901, le chimiste français Eugène - Anatole Demarçay isole finalement une impureté dans un échantillon samarium - gadolinium il étudiait et identifié l'impureté comme un nouvel élément . Europium pur est assez doux et blanc argenté . Il est assez ductile et l'un des plus réactif des métaux des terres rares . Oxyde d' europium est assez largement utilisé comme additif pour améliorer l'efficacité de phosphore rouge dans les écrans de télévision et d'ordinateur . Elle est également utilisée pour augmenter l'efficacité énergétique des lampes fluorescentes.

GADOLINIUM
Numéro atomique : 64
Symbole chimique : Gd
Groupe III Rare Earth Element (lanthanides)

Deux isotopes de gadolinium sont parmi les plus puissants absorbeurs de neutrons. Bien que les limites de leur rareté utiliser , ils sont utilisés dans la fabrication des barres de contrôle des réacteurs nucléaires . Il est ferromagnétique sens qu'il est très fortement attirés par les aimants . Cependant son point de Curie , la température à laquelle un matériau magnétique perd de son magnétisme est approximativement la température ambiante. Il a été prouvé de valeur dans une technique de sondage à l'intérieur de métaux appelé radiographie neutronique . Il est utilisé dans les industries du transport aérien et la construction navale à la recherche de défauts cachés et les faiblesses structurelles dans des coques et des fuselages .

TERBIUM
Numéro atomique : 65
Symbole chimique: Tb
Groupe III B Rare Earth Element (lanthanides)

Dans une forme métallique pur , le terbium est un blanc argenté , malléable, ductile et assez doux pour être coupé avec un couteau . Il ressemble à conduire , mais il est beaucoup plus lourd . Comme le plomb , il est assez résistant à la corrosion . Composés de terbium ont Fonde utilisations des lasers spéciaux et comme luminophores qui produisent la couleur verte dans des tubes de télévision et les écrans d'ordinateur . D'autres applications comprennent la production d'alliages ayant des propriétés magnétiques particulières pour une utilisation dans des disques compacts et dans la fabrication des écrans à haute définition X -ray.

DYSPROSIUM
Numéro atomique : 66
Symbole chimique: Dy
Groupe III B Rare Earth Element (lanthanides)

Dysprosium au neuvième rang en abondance parmi les éléments des terres rares dans la croûte de la Terre . Il a été découvert en 1886 par le chimiste français Paul - Émile Lecoq de Boisbaudran dans un échantillon d'oxyde d' erbium . Il a fondé son nom sur le mot grec qui signifie dysprositos difficile à atteindre . Dysprosium pur n'était pas disponible jusqu'à 1950, lorsque des techniques chimiques modernes tels que l'échange d'ions séparation ont été développés . Dysprosium ressemble à la plupart des autres métaux des terres rares . Il est suffisamment souple pour être coupé avec un couteau , a une couleur argentée brillante et est relativement stable dans l'air .

HOLMIUM
Numéro atomique : 67
Symbole chimique: Ho
Groupe III B Rare Earth Element (lanthanides)

En 1878 , deux scientifiques suisses ont remarqué raies spectrales caractéristiques de holmium mais n'ont pas pu les identifier . Ils ont appelé la source inconnue des raies spectrales élément X. Peu de temps après , en 1879, le chimiste suédois Per Teodor Cleve isolé et identifié l'élément tout en travaillant avec un minéral appelé erbie . Pur holmium métallique qui n'était pas disponible jusqu'à tout récemment a une couleur argentée brillante . Il est assez résistant à la corrosion dans l'air sec mais ternit rapidement dans l'air humide former un oxyde jaunâtre . Outre son utilisation en tant que couleur de verre, il a peu d' applications commerciales.

ERBIUM
Numéro atomique : 68
Symbole chimique: Er
Groupe III B Rare Earth Element

Erbium a été découvert par Carl Gustaf Mosander dans un oxyde jaune qu'il isolé du yttrium minérale . Mosander nommé l'élément pour le village suédois de Ytterby le site de grandes concentrations de l'oxyde d'yttrium et de l'erbium . Les principales sources de l'erbium sont les minéraux xenotime et euxerite . Erbium ainsi que d'autres éléments de terres rares est en fait une impureté dans les minerais . Les applications commerciales de l'erbium sont plutôt limitées . Ses oxydes sont souvent ajoutés à verre et émail émaux à colorier en rose. Le verre est souvent utilisé pour des lunettes de soleil et bijoux bon marché .

THULIUM
Numéro atomique : 69
Symbole chimique: Tm
Groupe IIIB Rare Earth Element (lanthanides)

Thulium est un élément de terre rare qui est extrêmement rare. Il se produit en très petites quantités dans la compagnie des autres terres rares . Le chimiste suédois Per Teodor Cleve découvert l'élément en 1879 et nommé pour Thulé , l'ancien nom de la Scandinavie . La principale source de thulium est la monazite minéral qui consiste en environ sept millièmes de 1 % thulium . Il a peu d'applications commerciales en plus d'être utilisé dans les lasers . Il est coûteux , mais très peu de métal sont disponibles pour l'expérimentation.

YTTERBIUM
Numéro atomique : 70
Symbole chimique: Yb
Groupe III B Rare Earth Element (lanthanides)

Ytterbium , le premier élément rare à découvrir se trouve dans modeste abondance dans la croûte terrestre et toujours en compagnie de terres rares . Il a été découvert par le chimiste français Jean de Marignac en 1878 en tant que composante du minéral connu sous le nom d'oxyde d'erbium et du nom du village suédois Ytterby sur la base de ses concentrations élevées de l'erbium . Pur ytterbium métal n'était pas disponible pour l'étude jusqu'en 1953 . Ses applications commerciales sont comme agent d'alliage avec l'acier inoxydable . Certains alliages ont également été utilisés dans l'art dentaire.

lutécium
Numéro atomique : 71
Symbole chimique: Lu
Groupe III B Rare Earth Element (lanthanides)

Bien qu'il n'ait jamais publié officiellement ses résultats , chimiste américain Charles James est maintenant considéré avoir découvert lutécium en 1907 . Travailler pendant le début des années 1900 à l'Université du New Hampshire , James est devenu une force majeure dans la production d'éléments de terres rares . Lui et ses étudiants se traiter de tonnes de minerai et du travail par des cristallisations de produire un seul échantillon . Lutécium métal pur est difficile et coûteux à préparer . Il est l' élément le plus lourd de la terre rare et plus difficile . Pas applications commerciales ont été développées .

HAFNIUM
Numéro atomique : 72
Symbole chimique: Hf
Groupe IV B élément de transition

Les propriétés de hafnium ainsi que son histoire sont étroitement liées au zirconium . Beaucoup avaient prédit l'existence de l'élément 72, mais l'omniprésence de son jumeau chimique atteinte à son identification . La principale utilisation de hafnium est basé sur un de ses rares différences de zirconium . Sa capacité d'absorber des neutrons thermiques , il est un matériau utile pour des barres de commande du réacteur. Les principaux avantages de l'hafnium par rapport à d'autres matériaux en forme de tige est sa solidité et sa résistance à la corrosion. Malheureusement, dans un assez grand réacteur le coût de barres de hafnium peut être de 1 million de dollars ou plus .

TANTALE
Numéro atomique : 73
Symbole chimique: Ta
Groupe VB élément de transition

Le tantale est un métal très dur et très lourd . Son inertie chimique rend tantale très résistant à l'attaque par des substances dans le corps humain . Ceci a conduit à une multitude d'applications en chirurgie dentaire et médicale . Le tantale comme agent d'alliage contribue résistance à la corrosion , la ductilité , la dureté et un point de fusion élevé à une variété d' autres métaux. Encore une autre utilisation importante de tantale est dans la construction de petite et puissante des condensateurs électrolytiques. Ces condensateurs sont particulièrement utiles dans le circuit électronique miniaturisé qui se trouve au cœur de dispositifs tels que les téléphones cellulaires et les ordinateurs .

TUNGSTEN
Numéro atomique : 74
Symbole chimique: W
Élément du groupe VIB de transition

L'une des utilisations les plus importantes de tungstène est dans la fabrication de filaments de l'ampoule électrique commun . Tungstène , le point culminant de fusion - 3410 degrés C et plus haut point d'ébullition 5900 ° C - de n'importe quel métal . Les applications à hautes températures de la gamme de tungstène à partir d'éléments de chauffage dans les radiateurs électriques vers les buses sur les moteurs-fusées de véhicules spatiaux. L'électricité qui circule dans un fil enroulé de tungstène produit assez de chaleur pour faire le fil blanc chaud . Pour éviter que le métal de la surchauffe des gaz inertes tels que l'azote et l'argon sont enfermés dans l'ampoule contenant un filament de tungstène .

RHENIUM
Numéro atomique : 75
Symbole chimique: Re
 Groupe VIIB élément de transition

Rhénium un des plus rares d'éléments a été découvert dans les minerais de platine par les chimistes allemands Ida Tacke , Walter Nodack et Otto Carl Berg en 1925 . Il est un métal extrêmement dense avec un éclat gris argenté et un point de fusion dépassé seulement par le tungstène et de carbone. C'est la base pour l'utilisation de rhénium en combinaison avec du tungstène dans les thermocouples pour des températures aussi élevées que 2000 degrés C. rhénium mesure est principalement utilisé comme agent d'alliage pour la fabrication de métaux qui sont résistants à l'usure telles que celles requises pour les contacts et les électrodes de commutation électrique .

OSMIUM
Numéro atomique : 76
Symbole chimique: S
Groupe VIIIB élément de transition

Étant donné que le métal pur est difficile à faire , l'osmium est souvent fabriqué sous forme de poudre qui est ensuite formé en masse solide par chauffage. La poudre s'oxyde à l'air et est lentement émis comme une forte odeur de gaz toxique susceptible de provoquer des dommages pulmonaires et de la peau . L'émission de son gaz d'oxyde toxique rend l'utilisation de l'osmium métallique peu pratique. Comme un additif d'alliage mais il est tout à fait sûr et est principalement utilisé pour fabriquer des alliages durs avec des métaux tels que le platine et l'iridium. Ces alliages sont utilisés pour des contacts de commutation électrique , les aiguilles de phonographes et des conseils de stylo-plume .

IRIDIUM
Numéro atomique : 77
Symbole chimique: Ir
Groupe VIII B élément de transition

Iridium est un métal précieux blanc jaunâtre fragile . On le trouve généralement dans les minerais contenant du platine ou le nickel. Séparant de ces minerais est une tâche laborieuse et coûteuse qui ne se justifie que par la reprise simultanée de platine et de nickel . L'application principale de l'iridium en tant qu'additif est de créer des alliages de platine qui augmentent la dureté de ce dernier métal . La résistance à la corrosion de l'iridium , il est également utile dans la fabrication d' articles nécessitant une pureté absolue , tels que des aiguilles hypodermiques et des moteurs de fusée .

PLATINUM
Numéro atomique : 78
Symbole chimique: Pt
Groupe VIII B Élément de transition (métaux précieux)

De nombreuses utilisations de platine de profiter de sa stabilité et inertie chimique . Il est utilisé dans le raffinage du pétrole , la dentisterie , l'industrie céramique , les industries électriques et électroniques , et est très prisé dans la fabrication de bijoux . Le platine est également utile pour l'industrie automobile . Il aide des réactions chimiques qui nettoient échappement provenant des moteurs des voitures , la conversion du monoxyde de carbone et du carburant non brûlé dans de l'eau et du dioxyde de carbone . Un bar en alliage iridium - platine est la norme mondiale pour la kilogramme , l'unité de base de la masse dans le système métrique .

GOLD
Numéro atomique : 79
Symbole chimique: Au
Groupe IB élément de transition (métaux précieux)

L'or est échangé dans les échanges de matières premières et les fluctuations de son prix sont considérés comme un indice de la santé de l'économie . Il est le plus ductile et malléable de tous les métaux . Parce que c'est aussi l'un des plus réactif , il peut maintenir son lustre brillant . Dans la nature, l'or est généralement sous la forme d'un métal pur , souvent des pépites ou de paillettes . Sa pureté est mesurée par carats. L'or pur est dit être l'or 24 carats . Parce qu'il est très doux , cependant, la plupart des bijoux en or est fait de l'or 18 carats .

MERCURY
Numéro atomique : 80
Symbole chimique: Hg
Groupe II B élément de transition

Le mercure est le seul métal qui est liquide à température ambiante et reste liquide sur une gamme de températures très large et commode. Certains produits ménagers courants qui contiennent du mercure des thermomètres , les baromètres , les thermostats, des interrupteurs muraux silencieux et les ampoules fluorescentes . Les applications industrielles de mercure comprennent les pompes de diffusion et les lampes à vapeur de mercure qui génèrent les lumières blanches bleutées de l'éclairage des rues . Une autre propriété utile de mercure est sa capacité à dissoudre les autres métaux pour former des alliages connus sous le nom d'amalgames . Les dentistes utilisent souvent l'argent - mercure des amalgames pour remplir les dents .

THALLIUM
Numéro atomique : 81
Symbole chimique: Tl
Groupe III A Métal post-transition

Une source commune de thallium est le zinc et le raffinage de plomb . Ce métal malléable et lourde est très active et corrode lentement dans l'air . Thallium et ses composés sont extrêmement toxiques et il est prouvé qu'il peut provoquer le cancer . Même contact avec la peau peut être dangereuse même à des concentrations extrêmement faibles thallium a été utilisé dans le traitement des mycoses . Sulfate de thallium est un poison inodore et insipide qui était autrefois utilisé pour tuer les rats et les insectes , mais il a été interdit dans plusieurs pays .

LEAD
Numéro atomique : 82
Symbole chimique: Pb
Groupe IV A

Le plomb est un métal très malléable qui peut être facilement travaillé à la fabrication d'ustensiles de toutes sortes . Pièces de plomb et la sculpture ont été trouvés dans les tombes égyptiennes datant de 5000 avant JC . Il est largement utilisé pour fabriquer des électrodes d' accumulateurs au plomb . Le plomb est également un élément important de soudure utilisé pour établir des connexions électriques sur les circuits dans les ordinateurs et les téléviseurs . Écrans de verre de téléviseurs contiennent du plomb pour protéger le spectateur de rayonnement . En fait, chaque téléviseur contient près de la moitié d'une livre de plomb .

BISMUTH
Numéro atomique : 83
Symbole chimique: Bi
Groupe VA Après la transition métal

Le bismuth est un métal blanc cassant qui a une légère teinte jaunâtre . Le composé du sous-nitrate de bismuth est utilisé comme un antiacide dans le traitement des ulcères . L'oxyde de bismuth est un pigment jaune populaire utilisé dans les produits cosmétiques . Comme bismuth de l'eau est l'une des rares substances qui se dilate quand elle change de liquide à solide . Cette propriété est utilisée pour fabriquer des alliages dont le volume reste constant quand ils se solidifient . Métaux alliés avec le bismuth peut être utilisé pour des moulages et des moules qui conservent leurs dimensions exactes , même lorsqu'il est rempli avec des métaux fondus .

POLONIUM
Numéro atomique : 84
Symbole chimique: Po
Groupe VI A Metalloid

La découverte du polonium par Marie et Pierre Curie en 1898 définit l'un des grands moments de l' histoire de la science conduit à la conception moderne du noyau atomique et la compréhension de sa structure . Le polonium a 27 isotopes connus et ils sont tous radioactifs . Le plus facilement disponible est le polonium 210 , un métalloïde argenté qui est très volatile et 100 000 fois plus toxique que le cyanure . Dans les laboratoires radiologiques isotope mélangé avec du béryllium en poudre est souvent utilisée pour produire de grandes quantités de neutrons sans l'utilisation d' un réacteur nucléaire .

ASTATINE
Numéro atomique : 85
Symbole chimique: A
Groupe VII A La Halogènes

De petites quantités de astatine existent naturellement que les produits de désintégration de l'uranium et du thorium . Astate a été produite en 1940 par une équipe de radiochimistes en bombardant du bismuth avec des particules alpha . Seuls environ 1 millionième de gramme de astate a été effectivement produite artificiellement et il n'est donc pas surprenant que peu d'informations sur ses propriétés . Sa composition chimique doit être assez similaire à celle de l'iode mais il existe certaines preuves que il peut être légèrement plus métallique .

RADON
Numéro atomique : 86
Symbole chimique: Rn
Groupe VIII A Les gaz nobles

Le radon est produit en tant que l'un des produits par la désintégration radioactive de l'uranium et du thorium . Le radon -222 , sa plus longue durée isotope se trouve dans le gaz de concentrations importantes dans le sol , car des traces d'uranium sont présents dans la croûte terrestre . Alors qu'il est de plus en plus , le tabac est soumis à une contamination par le radon dans le sol et les uranium riches engrais phosphatés utilisés par les planteurs . Lorsque le tabac dans une cigarette est brûlé , la fumée inhalée soumet le fumeur à des niveaux de rayonnement 1000 fois plus élevées que celles rencontrées par un travailleur dans une centrale nucléaire .

FRANCIUM
Numéro atomique : 87
Symbole chimique : Fr
Groupe I A Les métaux alcalins

Francium est le plus lourd des métaux alcalins et l'un des plus connus instable . Toutes ses isotopes radioactifs sont encore même sa plus longue durée isotope francium -223 a une demi-vie de seulement 21 minutes . De ses 30 isotopes connus , ne francium 223 existe dans la nature . Toutes les autres isotopes de francium sont produits artificiellement dans des accélérateurs et des réacteurs nucléaires et sont trop instables pour être étudié en profondeur. L'élément a été découvert en 1939 par Marguerite Perey travaillant à l'Institut Curie à Paris . Il est nommé pour le pays dans lequel il a été découvert .

RADIUM
Numéro atomique : 88
Symbole chimique: Ra
Groupe II A- Les métaux alcalino-terreux

Radium a été découvert par Pierre et Marie Curie en 1898 . Pour la découverte du radium et du polonium , Marie Curie a reçu le prix Nobel de chimie . Il lui était deuxième , elle avait partagé la première avec son mari et Henri Becquerel en 1903 pour la découverte de la radioactivité .
Pur radium métallique a une couleur blanc brillant et est si luminescent qu'il brille dans le noir dégageant une couleur bleue pâle . Radium est utilisé dans de nombreux établissements médicaux pour générer le radon , gaz radioactif qui est utilisé pour le traitement du cancer .

ACTINIUM
Numéro atomique : 89
Symbole chimique: Ac
B élément de transition du groupe III (les actinides)

Actinium est un élément radioactif produit naturellement par la désintégration radioactive des éléments radium et de thorium longtemps vécu . De très petites quantités de celui-ci ont été produites artificiellement et il a une application commerciale très limitée. Ses propriétés chimiques ressemblent à ceux de lanthane . En outre, comme le lanthane, il est le premier d'une série d'éléments appelés les actinides qui sont analogues aux lanthanides . Comme les terres rares , ces éléments ajouter des électrons à une coquille orbital interne et par conséquent ont des propriétés physiques et chimiques semblables .

THORIUM
Numéro atomique : 90
Symbole chimique: Th
Groupe Élément de transition IIIB (actinides)

Le thorium est un métal blanc argenté radioactif qui ternit très lentement lorsqu'il est exposé à l'air . Sable monazite certains qui se trouve dans les plages de Floride peut contenir jusqu'à 10 % de thorium . En dépit de sa radioactivité , le thorium et ses composés ont plusieurs applications commerciales. Il sert d' émetteur d'électrons efficace pour des appareils électroniques . La lumière brillante que son oxyde émet alors combustion permet également utile dans la fabrication de certaines lampes à gaz portables . Thorium 232 , un isotope avec une demi-vie à 14 milliards d' années montre la grande promesse de devenir une source d'énergie nucléaire dans l'avenir .

protactinium
Numéro atomique : 91
Symbole chimique: Pa
B élément de transition du groupe III (les actinides)

Il est l'un des plus rare et la plus coûteuse de tous les éléments existants naturellement . Seules quelques centaines de grammes sont disponibles pour l'étude. Ce montant maigre a été largement produite en Angleterre il ya près de 30 ans où il a été extrait à partir de 60 tonnes de minerai à un coût d'un demi-million de dollars . Pas beaucoup est connu au sujet de ses propriétés physiques et chimiques . C'est un métal blanc argenté avec un éclat lumieux qu'il perd très lentement dans l'air par oxydation. Il est également connu pour être très toxiques.

URANIUM
Numéro atomique : 92

Symbole chimique: U
B élément de transition du groupe III (les actinides)

L'uranium est le dernier et le plus lourd des éléments naturels . Découvert en 1841 , il a été le premier élément radioactif être identifié . Dans la fin des années 1930 grâce à des expériences avec de l'uranium scientifiques allemands Lise Meitner et Otto Hahn a observé un processus qui a été plus tard reconnu comme une fission nucléaire . La capacité des neutrons libérés lors de la fission du noyau d'uranium se divise autres noyaux d'uranium a été rapidement utilisés par les scientifiques pour créer une réaction en chaîne auto-entretenue . Quand contrôlée , cette réaction produit de l'énergie que nous obtenons de réacteurs nucléaires . Lorsque incontrôlée , il peut créer une explosion atomique .

NEPTUNIUM
Numéro atomique : 93
Symbole chimique: Np
B élément de transition du groupe III (les actinides)

Neptunium a été le premier élément de transuraniens produite artificiellement . Travailler au cyclotron à l'Université de Californie à Berkeley en 1940 , les physiciens américains Edwin McMillan et Philip Abelson produits neptunium en bombardant l'uranium avec des neutrons . Il est maintenant connu que des quantités infimes de neptunium d existent réellement dans la nature comme le résultat de l'action des neutrons dans l'élément de l'uranium. Actuellement 18 isotopes du neptunium ont été produites tous radioactive.The le plus important et le premier à être produit était neptunium 237 avec une demi-vie de 2,1 millions d'années.

PLUTONIUM
Numéro atomique : 94
Symbole chimique: Pu
B élément de transition du groupe III (les actinides)

Le plutonium a 15 isotopes connus tous les radioactive . Plutonium 239 est le plus important car il fissions facilement lorsqu'il est bombardé par des neutrons thermiques . Comme l'uranium 235 , le noyau de ses atomes divisés en deux noyaux de taille intermédiaire (appelés fragments de fission) de libération de grandes quantités d' énergie et la production de plus de neutrons pour maintenir une réaction en chaîne . Mélangé avec du béryllium en poudre , il est une source efficace de neutrons pour le travail scientifique . Le plutonium peut être produit en grande quantité dans les réacteurs nucléaires . Son abondance a fait le choix numéro un pour les armes nucléaires .

américium

Numéro atomique : 95
Symbole chimique: Am
B élément de transition du groupe III (les actinides)

Il a été découvert en 1944 par une équipe de chimistes , sous la direction de l'équipe Glenn Seaborg.His produit américium - 241 , l'un des 14 isotopes connus qui sont tous radioactifs . L'américium 241 est fabriqué en grande quantité dans les réacteurs nucléaires . Les rayons gamma intenses qu'il émet , il est très utile en tant que source portable de rayons X . Il est également utilisé dans les détecteurs de fumée .

CURIUM
Numéro atomique : 96
Symbole chimique: cm
B élément de transition du groupe III (les actinides)

Curium est un métal blanc argenté qui est très réactive . La première de ses 14 isotopes connus à découvrir était curium 242 . Curium 242 et le curium 244 ont été utilisés comme sources d'énergie dans les régions éloignées . Le rayonnement de ces isotopes émettent peut être convertie en chaleur et en électricité par des dispositifs thermoélectriques . Même si elle a une demi-vie relativement courte , la puissance de sortie de curium 242 est impressionnant c'est à dire environ deux à trois watts par gramme . Ces unités compactes sont utiles pour les stimulateurs cardiaques , les bouées de navigation à distance et les missions spatiales .

berkelium
Numéro atomique ; 97
Symbole chimique: Bk
B élément de transition du groupe III (les actinides)

Il a été découvert à l'Université de Berkeley en 1949 par une équipe composée de George Seaborg , Stanley Thompson et Albert Ghiorso et a été nommé d'après la ville . Ils ont synthétisé en utilisant un cyclotron à bombarder un échantillon d'américium 241 avec des particules alpha . Utilisation berkelium 249 , il a été possible en 1962 pour produire du 3 milliardième de gramme de chlorure de berkelium . Pas applications commerciales ou scientifiques n'ont pas encore été développées .

californium
Numéro atomique ; 98
Symbole chimique : Cf
B élément de transition du groupe III (les actinides)

Il a été découvert par une équipe de chimistes en utilisant un cyclotron à bombarder le curium 242 avec des particules alpha . L'isotope 252 californium nommé pour l'État de la Californie émet spontanément des neutrons . Sources de neutrons sont parfois difficiles à trouver . Soit un réacteur nucléaire est nécessaire ou un émetteur hautement radioactifs de particules alpha comme le plutonium doit être mélangé avec de la poudre de béryllium . La découverte d'une source de neutrons extrêmement portable suggère de nombreuses applications possibles pour californium 252.It peuvent facilement être prises dans les domaines de l'analyse des couches de roulement de l'huile de la terre ou pour l'extraction de l'or et de l'argent .

einsteinium
Numéro atomique : 99
Symbole chimique: Es
B élément de transition du groupe III (les actinides)

Albert Ghiorso et ses collègues ont découvert cet élément en 1952 alors qu'il enquêtait sur les débris de bombe à hydrogène explosion dans les isotopes Pacific.16 sont connus , l'être le plus stable einsteinium 254 avec une demi-vie de 252 jours. La plupart de ces isotopes ont été produites dans le haut flux en isotopes du réacteur à Oak Ridge National Laboratory dans le Tennessee en irradiant le plutonium 239 avec des faisceaux intenses de neutrons .

fermium
Numéro atomique : 100
Symbole chimique: Fm
B élément de transition du groupe III (les actinides)

Comme einsteinium, Fermium a été identifié en 1952 par Ghiorso et collègues dans les débris de bombe à hydrogène explosion dans le Pacifique . Isotopes de fermium nommé d'après Enrico Fermi sont généralement synthétisés par des éléments tels que l'uranium et le plutonium à intense bombardement neutronique soumettre . Dans un environnement de neutrons riches , un élément tel que l'uranium peut subir une capture de neutrons successive absorbant souvent jusqu'à 16 à 17 neutrons pour produire les éléments transuraniens lourds.

mendelevium
Numéro atomique : 101
Symbole chimique: Md
B élément de transition du groupe III (les actinides)

Le neuvième élément de transuraniens artificiel nommé pour Dmitri Mendeleïev a été découvert en 1955 par un groupe de scientifiques sous Albert Ghiorso . Poursuivant leur recherche d'éléments de plus en plus lourds de l'équipe a utilisé le cyclotron à Berkeley pour bombarder einsteinium 253 avec des particules alpha (noyaux d' hélium) et éventuellement fabriqué mendelevium 256 . Les petites quantités a fait son identification très difficile . Il est souvent dit que cet élément a été synthétisé un atome à la fois. Seules des traces d'isotopes de mendelevium ont été faits et on ne sait de leur chimie .

nobélium
Numéro atomique : 102
Symbole chimique : Non
B élément de transition du groupe III (les actinides)

En créant nobélium 254 , Ghiorso et ses collègues ont bombardé un échantillon de curium 246 avec carbone 12 ions à l'aide de l'accélérateur linéaire d'ions lourds . 11 isotopes ont jusqu'ici été synthétisés et tous sont radioactifs . Nobelium 259 est le plus long vécu avec une demi-vie de 57 minutes. Nommé pour Alfred Nobel , il a été produit en quantité suffisante pour permettre l'étude de ses propriétés chimiques et physiques .

lawrencium
Numéro atomique : 103
Symbole chimique: Lr
Groupe III B (les actinides)

Poursuivant leur chaîne étonnante de découvertes , les scientifiques de Berkeley synthétisés et isolés lawrencium en 1961 en bombardant un mélange de 3 isotopes de californium avec du bore et de bore 10 11 ions à l'aide de l'accélérateur linéaire d'ions lourds . La cible ne pesait que quelques millionième de gramme encore l'équipe a réussi à fabriquer lawrencium 258 avec une demi- vie de 4 secondes. Il a été nommé en l'honneur d'Ernest O.Lawrence , l'inventeur du cyclotron .

rutherfordium
Numéro atomique : 104
Symbole chimique: Rf
Groupe IV B A transactinide

Une histoire de revendications concurrentes confondre la désignation de l'élément 104 . L'équipe de Berkeley ainsi que d'un groupe de la Russie ont revendiqué pour l'élément 104 . La demande américaine l'a emporté. Il est nommé d'après le Néo-Zélandais Ernest Rutherford !

dubnium
Numéro atomique : 105
Symbole chimique: Db
Groupe VB Un transactinide .

Réclamations contestées de sa découverte ont frappé l'élément 105 . En 1970 Ghiorso et son équipe de Berkeley bombardés californium 249 avec de l'azote lourd 15 ions et identifiés, l'élément qu'ils ont appelé après Otto Hahn et obtenu l'approbation de l'American Chemical Society . Cependant en 1997, le UICPA a décidé t changer le nom de Dubnium . Ses propriétés chimiques et physiques sont inconnus.

seaborgium
Numéro atomique : 106
Symbole chimique: Sg
Groupe VI B A transactinide

Comme les deux autres éléments contestés , la revendication de la découverte de l'élément 106 avec le droit de nommer c'était un sujet de litige . En 1974 , une équipe de Russie a déclaré qu'ils avaient produit unnilhexium . Parce que les expériences n'ont pas réussi à confirmer leur résultat , leur demande a été mise en doute. Vers la même époque , les scientifiques de Berkeley ont annoncé la découverte de unnilhexium 263 après bombardement du californium 249 avec de l'oxygène 18 . En 1993 , les scientifiques du Lawrence Livermore et Berkeley Laboratories ont répété l'expérience et confirmé le résultat . Il a été nommé en l'honneur de Glenn Seaborg .

bohrium
Numéro atomique : 107
Symbole chimique: Bh
Groupe VII B A transactinide

En 1981 , la création de unnilseptium a été annoncé par des physiciens travaillant à Darmstadt , en Allemagne au GSI . L'équipe a proposé le nom nielsbohrium après Neils Bohr . Leurs revendications de recherche ont été confirmés en 1992 par l' IUPAC . En 1997 , ils ont changé le nom de bohrium .

hassium
Numéro atomique : 108
Symbole chimique: HS
Groupe VIII B A transactinide

En 1984, une équipe dirigée par Peter Ambruster et Gottfried Münzenberg a annoncé la découverte de unniloctium , l'élément 108 . Ce fut la même équipe qui avait synthétisé bohrium . Le nom qu'ils proposent est hassium après haasia le nom latin de l'état allemand de Hesse . En 1992, le UICPA a confirmé les conclusions et le nom . Les propriétés chimiques et physiques sont inconnus.

meitnerium

Numéro atomique : 109
Symbole chimique: Mt
Groupe VIII B A transactinide

En 1982 , l'équipe de Darmstadt a annoncé la découverte de l'élément 109 en
bombardant le bismuth 209 avec du fer de haute énergie 58 ions . Aussi incroyable que
cela puisse paraître seulement 3 atomes ont été créés et ils pourris dans une affaire de
3,4 millième de seconde . Ils ont proposé de le nommer après Lise Meitner qui avaient
poing décrit la fission nucléaire avec Otto Hahn .

UNUNNILIUM
Numéro atomique : 110
Symbole chimique ; Uun
Groupe VIII B A transactinide

Après près de 10 années, les scientifiques internationales qui travaillent au GSI en
Allemagne créé avec succès quatre ou cinq atomes d'un nouvel élément 110 .
L'utilisation d'un grand accélérateur de conduire atomes de nickel à haute vitesse ils ont
bombardé une mince feuille de plomb à ces atomes en mouvement rapide de nickel .
Le nouvel élément se décompose rapidement en dehors et se désintègre en atomes
plus légers . Elle a été détectée par les 4 particules alpha qu'il émet lors de son
processus de désintégration .

UNUNUNIUM
Numéro atomique : 111
Symbole chimique: Uuu
Groupe IB Un transactinide

Les propriétés chimiques de l' élément 111 ne sont pas connus . Comme il se trouve
dans la même colonne que l'or et l'argent , il est sans doute un métal. Après une
accélération atomes de nickel à haute vitesse chercheurs allemands ont bombardé
bismuth avec ces atomes de nickel en mouvement rapide . L'identification de cet
élément est important, car il soutient la théorie qu'il existe un «îlot de stabilité» pour les
éléments proches de l'élément 114 . L'élément a une demi-vie d'environ 8 fois celle de
ununnilium .

UNUNBIIUM
Numéro atomique : 112
Symbole chimique: Uub
Groupe II B A transactinide

Sur Février 9,1996 GSI en Allemagne a annoncé la création de l'élément 112 tout le
crédit à l'équipe internationale sous Pierre Ambruster . Ils avaient bombardé les atomes
de zinc qui ont été accélérés à des vitesses élevées avec des balles en mouvement

rapide de plomb . Au cours de la collision d'un atome de zinc a réussi à fusionner avec l'atome de plomb.

ununquadium
Numéro atomique : 114
Symbole chimique: Uuq
Groupe IB Un Transcatinide

En 1999, une équipe de scientifiques de l'Institut commun de recherche nucléaire de la Russie a annoncé la création d' un nouveau métal ultra - lourd. L'équipe a utilisé un cyclotron à bombarder plutonium 244 avec un faisceau de calcium 48 noyaux . Après environ 40 jours de bombardement , un noyau de Calicium avec 20 protons fusionnés avec du plutonium noyau avec 94 protons production d'un élément avec 114 protons . Bien instable, il a survécu à un temps relativement long .

La volonté de trouver des réponses cachées de la nature n'a pas diminué . La quête reste pour la recherche continue toujours de nouveaux éléments super-lourds . La force motrice derrière cet effort est la recherche de la connaissance qui lancera un riche nouveau champ d'étude des propriétés nucléaires et chimiques des éléments .

Il ya aussi une motivation plus utilitaire pour la recherche des éléments qui composent l'île de stabilité . De nombreux scientifiques pensent par exemple que ces nouveaux éléments constitueront des matériaux inhabituels avec des propriétés exotiques jamais vu . Les réponses sont sollicités à cet effort sont d'une importance fondamentale pour notre compréhension de l'univers .

www.ingramcontent.com/pod-product-compliance
Lightning Source LLC
Chambersburg PA
CBHW070723180526
45167CB00004B/1588